明德海洋教育

（第一册）

中国海洋大学出版社
·青岛·

致　谢

本书在编创过程中，参考使用的部分文字和图片，由于权源不详，无法与著作权人一一取得联系，未能及时支付稿酬，在此表示由衷的歉意。请相关著作权人与我社联系。

联系人：徐永成

联系电话：0086-532-82032643

E-mail：cbsbgs@ouc.edu.cn

图书在版编目（CIP）数据

明德海洋教育 / 宫君，蔡军萍主编 . —青岛：中国海洋大学出版社，2019.5

ISBN 978-7-5670-1960-7

Ⅰ.①明…　Ⅱ.①宫…　②蔡…　Ⅲ.①海洋学－教材　Ⅳ.① P7

中国版本图书馆 CIP 数据核字（2019）第 259100 号

MÍNGDÉ HǍIYÁNG JIÀOYÙ

明 德 海 洋 教 育

出版发行	中国海洋大学出版社
社　　址	青岛市香港东路 23 号　　邮政编码　266071
网　　址	http://pub.ouc.edu.cn
出 版 人	杨立敏
责任编辑	孙玉苗
电子信箱	94260876@qq.com
印　　制	青岛海蓝印刷有限责任公司
版　　次	2020 年 12 月第 1 版
印　　次	2020 年 12 月第 1 次印刷
成品尺寸	185 mm × 260 mm
印　　张	19.25
字　　数	256 千
印　　数	1~1400
定　　价	78.00 元（全三册）
订购电话	0532-82032573（传真）

发现印装质量问题，请致电0532-88786655，由印刷厂负责调换。

《明德海洋教育》编创团队

主　编　宫　君　蔡军萍

副主编　冷　丽　王　琳

编　者　（以姓氏笔画为序）

于　沛　王庆莲　王春莲　王　俊　王　琳

王琳琳　刘人玮　李东遥　李　梦　冷　丽

张　爽　郑　文　赵金燕　宫　君　耿　洁

徐　洋　高　俊　董　竞　蔡军萍　魏　鹏

绘　画　张婕妤　赵　诺　董林姿

海洋吉祥物设计　刘知让（学生）

海洋教育顾问　刘宗寅　季　托

总策划　宫　君　王　琳　蔡军萍　刘宗寅

执行策划　刘宗寅

前　　言

　　随着"海洋强国"国家战略的深入实施，我国中小学海洋教育蓬蓬勃勃地开展起来并取得了显著成效。实践证明，一所学校要想有效地实施海洋教育，就必须加强对海洋教育的研究，进一步明确海洋教育的目的和解决"教什么、怎么教"的问题。

　　著名海洋专家冯士筰院士从教育学的视角出发，认为海洋教育指的是为增进人对海洋的认识，使人掌握与海洋相关的技能进而影响人的思想品德的一切活动。青岛市教育局明确提出了"以海明德、以海启智、以海强体、以海冶性、以海践劳"的海洋教育任务，要求全市中小学认真落实。青岛市市南区教育和体育局以寻求海洋创新驱动为出发点，以全国教育科学"十三五"教育部规划课题"区域推进海商教育的实践研究"为抓手，进一步优化海洋教育远景规划，深度推进区域海洋教育实践研究。

　　在有关专家的指导下，我们运用系统思维方法研究海洋教育，认识到海洋教育的内涵在于通过各种各样的海洋教育活动，将"生""和""容"的海洋特征传递给每个学生，培养学生的高尚品质。

　　海洋孕育着生命、支持着生命，生机勃勃，生生不息，强烈地表现出"生"的特征。从海洋自身来看，地球上的海洋连成一片，其中的非生命物质与海洋生物相互影响，各生态系统形成具有一定结构和功能的统一体，处于动态平衡状态。从海洋与人类的关系来看，海洋与人类同在地球上，人类影响着海洋，海洋也制约着人类，突出地表现出"和"的特征。海洋浩瀚无垠，汇集着地球上的各方来水，容纳并消化着人类生活及生产的各种废弃物、排放物，鲜明地表现出"容"的特征。海洋与人类共存，海洋的"生""和""容"与人类的"生""和""容"息息相关。

在上述认识的基础上，结合学校的办学理念和教育优势，我们确立了凸显德育的海洋教育方向，在完成"普及海洋知识、弘扬海洋文化、增强海洋意识"海洋教育任务的过程中，从"生""和""容"三个方面引导学生提升思想品德水平。从海洋之"生"认识人类社会之"生"和个人之"生"：人类社会生生不息，历史长河滚滚向前，人类生存与发展的每一个脚步都离不开文明的滋养，因此我们要不惧困难、勇于进取，为促进人类社会的"生机勃勃、生生不息"而拼搏；从海洋之"和"认识人类社会之"和"和个人之"和"：人与自然要和谐，人与社会要和谐，人与人要和谐，人与自身要和谐，因此我们要树立"和合"理念，并将这一理念贯彻到实际行动中。从海洋之"容"认识人类社会之"容"和个人之"容"：包容是一种社会美德，宽厚是一种个人涵养，因此做人就要胸襟坦荡、宽宏大量，做到"海纳百川，有容乃大"。为此，学校统一组织，骨干教师积极参与，我们编创团队通过深入研究开发了"明德海洋教育"课程。这一工作的开展，不仅丰富了学校的课程建设、凸显了学校课程体系"立德树人"的特点，而且使老师们进一步明确了开展海洋教育的意义、内容与方法，从而为我校海洋教育的实施提供了有力保证。

"明德海洋教育"课程分三个学年实施，每一学年的课程内容都包括"海之生""海之和""海之容"三个部分。从内容线索上看，每一课皆以生动有趣的海洋故事创设情境，引导学生完成三个阶段的探究活动：首先了解海洋的有关特征，然后认识这种特征在自然界或人类社会中的普遍存在，最后从中提炼应具备的思想品质。从呈现形式上看，每一课都设置了若干活动性栏目和辅助性栏目，引导学生在活动体验中接受海洋教育，课末的"以海明德"栏目则点明了本课的主题思想。

这一课程之所以取名"明德海洋教育"，一是因为我校的校训是"明德、砺学、博艺、致远"，学校秉承的是"明德固本、质量立校、和谐发展、追求卓越"的办学理念，形成的是"明德于心"的德育品牌，"明德"已经成为学校的象征；二是为了体现海洋教育"以海明德"的特点，表明学校把提升学生的思想道德水平作为海洋教育的重要目的之一。

"明德海洋教育"课程的研发得到了青岛市市南区教育和体育局的大力支持。在研发过程中，我们参阅了大量的资料并学习了各地的经验，从中获得许多有益的启发。在此，我们一并表示衷心的感谢。由于研发凸显"以海明德"特点的海洋教育课程是一种探索，希望广大读者多多提出宝贵意见和建议，以便使这种探索不断完善，推动中小学海洋教育深入发展。

宫　君　蔡军萍　刘宗寅

2020年8月

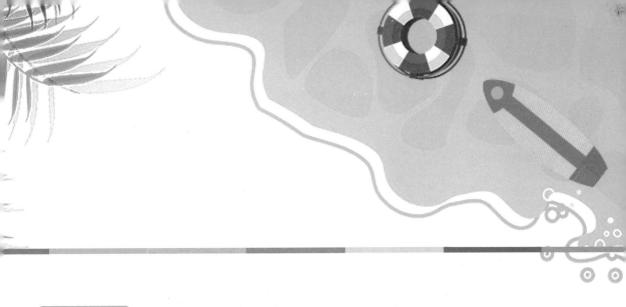

目录

海之生

可敬的帝企鹅

帝企鹅爸爸孵蛋

　　这里是冰雪覆盖的南极洲，世界上最大的企鹅——帝企鹅的故乡。正值冬天，这里长夜漫漫，见不到日出，最低气温可达零下数十摄氏度；这里寒风凛冽，风每小时可跑上百千米远。这里是地球上最严酷的环境之一，其他动物都已逃离，只有帝企鹅爸爸们在勇敢地接受着挑战。它们背迎刺骨的寒风，拥挤在一起，轮流进入群体中间取暖。这是为什么呢？它们，在呵护着自己的宝贝——一个梨形的蛋。

　　帝企鹅的蛋有400多克重，10多厘米长（一个鸡蛋大约有60克重、5厘米长）。如此巨大的蛋，可使雏鸟的发育期大大缩短；而产下这样一个蛋，足以耗尽帝企鹅妈妈的营养储备。产后，她不得不把宝贝交给帝企鹅爸爸，自己前往海中寻找食物，2个月后才能回来。这个蛋，安安稳稳地卧在帝企鹅爸爸厚厚的脚背上。细心的帝企鹅爸爸会垂下自己肥肥的、毛茸茸的"肚腩"，遮盖在蛋上，给它温暖。

从帝企鹅爸爸赶到繁殖地，到与帝企鹅妈妈"相识""结婚"，再到帝企鹅宝宝孵化，前后需要4个月的时间。这4个月里，帝企鹅爸爸得不到食物和水，见不到阳光，会失去一半多体重。而帝企鹅宝宝往

往在妈妈回来前就孵出来了。帝企鹅爸爸还得托着虚弱的身体，坚持从嘴里吐出富含营养的"乳液"，喂养那个小小的生命。

终于，帝企鹅妈妈回来了。她们通过声音找到帝企鹅爸爸，将胃里的食物吐出来喂自己的宝宝。这时，疲惫的帝企鹅爸爸才得以前往大海，寻找食物……

几个月的黑夜终于过去了，太阳再次光顾南极。其他鸟儿还没有到来，帝企鹅宝宝却早已准备好去享受南极食物丰富的短暂夏天了。

画起来

我画帝企鹅爸爸孵蛋

请展开想象，画一画帝企鹅爸爸孵蛋的情景。

要体现出帝企鹅爸爸的关爱之情啊。

看起来

后颌䲈和章鱼的感人故事

观看"后颌䲈（téng）爸爸孵卵"和 "章鱼妈妈护卵"的视频，讲一讲视频中的故事。

和伙伴们分享一下，从这两个故事中感悟到了什么？

后颌䲈爸爸孵卵

章鱼妈妈护卵

小卡片

后颌䲈孵卵

后颌䲈生活在砂质或碎石海底的洞穴中。它的嘴很大，一直到眼角的下方，后颌䲈因此而得名。它以微小的浮游生物为食，而大嘴可以帮助它一次兜住大量食物。雄性后颌䲈可是动物界的模范奶爸！为了保护卵的安全，后颌䲈爸爸会将卵块含在嘴里随身

后颌䲈

携带。后颌䲁卵的孵化需要1周左右的时间。这期间，后颌䲁不吃不喝，直到宝宝孵化出来。

北太平洋巨型章鱼护卵

从浅海至2 000米深海，都有北太平洋巨型章鱼的踪迹。北太平洋巨型章鱼一般重约15千克，虾、蟹和贝类都是它们喜爱的食物。北太平洋巨型章鱼妈妈一次能产下上万粒卵，其孵化通常需

北太平洋巨型章鱼

要几个月的时间！为了保护和照顾自己的宝宝，章鱼妈妈会一直守护在卵旁，几乎寸步不离。它用触手清理卵的表面，使其保持干净，并通过搅动水流等方式为宝宝增加氧气。章鱼宝宝出生后不久，精疲力竭的北太平洋巨型章鱼妈妈便结束了自己短暂的一生。

说起来

爸爸妈妈辛苦啦

我们的成长也融入了爸爸、妈妈的辛苦付出。请说一说爸爸、妈妈和你之间的感人故事吧！

别忘了写几句送给爸爸、妈妈的话哦！

我写给爸爸、妈妈的话

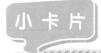

母亲（节选）

词：车行　张俊以　　曲：戚建波

你入学的新书包有人给你拿　　你雨中的花折伞有人给你打

你爱吃的三鲜馅有人给你包　　你委屈的泪花有人给你擦

啊，这个人就是娘　　啊，这个人就是妈

这个人给了我生命　　给我一个家

啊，不管你走多远　　不论你在干啥

到什么时候也离不开咱的妈　　……

游子吟

〔唐〕孟郊

慈母手中线，游子身上衣。

临行密密缝，意恐迟迟归。

谁言寸草心，报得三春晖。

心怀感恩懂回报

在家里，在学校，在我们的成长过程中，还有许许多多的人在为我们默默付出。请你也为自己的家人或老师做点事，如给爷爷、奶奶捶捶背，给爸爸、妈妈端洗脚水，帮爸爸、妈妈做家务，帮老师清理讲台、擦擦黑板……

以海明德

"海之仁，讲礼让，心怀感恩懂回报。"海洋中，不少动物对后代的付出令人感动。我们的成长，也离不开父母等家人的关爱以及老师的教诲。孝顺父母、尊敬师长是中华民族的传统美德。我们要做一个懂感恩、知回报的好孩子。

神奇的再生

渔夫与海星

　　从前有一位渔夫，生活在一个美丽的海边小镇，靠养殖扇贝等为生。他每天早出晚归，辛勤地劳作着，等待着丰收的到来。不过，在养殖的过程中，他发现扇贝越来越少了。渔夫十分疑惑，便细心地查找起原因来。终于有一天，他发现了秘密，原来是海星在偷吃扇贝。这些海星用强有力的腕抓住扇贝壳，撬开一条缝，然后翻出自己的胃，伸向扇贝那鲜美的肉，将其吃掉。看着自己的劳动果实被偷吃，渔夫愤怒地捞起海星，一只又一只，将它们撕成几块，丢入大海。

　　除掉了"盗贼"海星，渔夫又可以安心地养殖扇贝了。这里恢复了往日的平静。然而，一段时间后，划着小船在大海里查看扇贝的渔夫大吃一惊：海星的数量非但没有减少，反而比之前更多了！这可愁坏了渔夫。这到底是怎么回事呢？

原来，海星具有强大的再生能力。被渔夫扯断的海星会发育成完整的新个体，获得重生。

海星断腕再生

观看"海星断腕再生"的视频，体会海星生命力的强大。

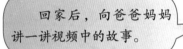
回家后，向爸爸妈妈讲一讲视频中的故事。

大家议一议，从海星再生的过程中你感受到了什么？

海星断腕再生

海星断腕再生

海星是个大家族，约有1 900种。海星分布广泛，从浅海到深海都能见到它们的踪影。

大多数海星有5条腕，连在一个中央盘上；也有些海星拥有5条以上的腕，比如太阳海星的腕可多达40条。

海星被困住时，会自行断腕，趁机逃生。有些海星的再生，依赖的是中央盘；也就是说，即使这些海星被"五马分尸"，它们也不会死亡，反而会变得"更多"，因为带有一部分中心盘的断腕可

　　以获得重生，成长为一只完整的海星。而有些海星，不需要中央盘的存在，单独的一条腕也可以长成一只完整的海星。

　　除了海星，很多其他海洋动物如某些海参、海蛇尾、水母、海蛞蝓和乌贼等，也都有再生本领，这使它们大大提高了自己的生存能力。

指海星

大嘴海蛞蝓

说起来

讲讲生命强者的故事

　　海星具有再生能力，说明它的生命力很强。我们人类也有着很强的生命力，这突出表现在敢于接受命运的挑战、不屈服于命运、不惧艰难险阻的顽强精神上。这样的人是生活中的强者。

你知道哪些生命强者的故事？说一说，与大家分享吧。

生命强者的故事有很多。我们要热爱生活，向生命的强者学习。

夏伯渝：我的一生是挑战

夏伯渝是中国首位登顶珠穆朗玛峰的残疾人。

1975年，夏伯渝第一次攀登珠峰时，把睡袋让给一位丢失睡袋的藏族同胞，导致自己被冻伤，一双小腿被截肢。尽管如此，他并未放弃登顶珠峰的梦想。

1993年，夏伯渝得了癌症。虽然历经截肢、切除肿瘤等20多次大手术的磨难，他却始终用坚强、乐观与执着的态度面对人生。为了再次攀登珠峰，他以常人难以想象的毅力刻苦锻炼，不断地挑战自我。2011年7月，在意大利举行的攀岩世锦赛上，60岁的夏伯渝夺得了双腿截肢项目男子组难度赛和速度赛的两项世界冠军。

2014和2015年，夏伯渝登珠峰连续遭遇雪崩和地震。

2016年5月13日，夏伯渝第四次攀登珠峰，在8750米——距终点只差94米处，遇暴风雪而撤退。

2018年5月14日10点40分，四度遇阻却没有放弃梦想的夏伯渝第五次挑战登顶珠峰，终于成功，成为中国第一个依靠一双假肢登上珠峰的人。

2018年12月，夏伯渝入选"感动中国"2018年候选人物。

2019年1月，夏伯渝当选"2018北京榜样"。

2019年2月，夏伯渝荣获2019年劳伦斯世界体育奖年度最佳体育时刻奖。

2019年4月，夏伯渝荣获中央电视台《挑战不可能之加油中国》优秀挑战者称号。

看视频　听歌曲　品精神

　　听听由李兴龙谱曲并制作、静儿作词、卡卡龙儿童乐团演唱的歌曲《我们自己是太阳》，体会歌曲所表达的积极向上、努力进取的精神。

　　我们在生活中，也会遇到各种各样的困难与挫折。面临困难和挫折时，我们应当怎么做呢？

　　我们应当像歌曲里唱的那样，"不怕为梦想受伤，不管风雨有多狂"，"相信我们自己是太阳"。

我们自己是太阳

词：静儿　曲：李兴龙

不怕别人比我强，

不管别人怎么想，

向蜜蜂们学习勤劳坚强，

像小蚂蚁啃骨头一样

不怕为梦想受伤，

不管风雨有多狂，

日升日落本来就很正常，

风雨之后我们仍在天上。

相信我们自己是太阳，相信太阳系的力量。

只要我们能好好学习，就一定能天天向上！

嘿

我们自己是太阳，

如火的激情在我们胸膛激荡，

我们有信心就有希望，

自信的人才能展翅飞翔。

不怕为梦想受伤，

不管风雨有多狂，

日升日落本来就很正常，

风雨之后我们仍在天上。

相信我们自己是太阳，相信太阳系的力量。

只要我们能好好学习，就一定能天天向上！

嘿

我们自己是太阳，

要升上天空将每个角落照亮，

就算有困难有阻挡，

我们也要努力散发光芒。

我们自己是太阳，

如火的激情在我们胸膛激荡，

我们有信心就有希望，

自信的人才能展翅飞翔。

以海明德

　　大海里有能够再生的动物，人类社会中有众多生命的强者。生命是顽强的，正所谓"生命不息，奋斗不止"。我们要向生命的强者学习，热爱生活，珍惜生命；不惧挫折，勇往直前！

第一个生命来自哪里

来自大海的故事

小明和伙伴们的疑问

小明的爷爷是一位专门研究生命科学的科学家。

有一天，小明领着小德、小刚、小娟、小新来到爷爷的实验室。还没等放下书包，小明就忙着问爷爷："爷爷，您能帮我们解答个问题吗？""什么问题把你们急成这样？"小明的爷爷笑着问。"生命到底从哪里来？"小明说，"对这个问题，我们争论了好久。"

"这样吧——"小明的爷爷想了一下，接着说："我先给你们讲个故事。这个故事也许会对你们有些启发。"

那是1977年的一天，美国"阿尔文"号深潜器来到科隆群岛附近的海域，潜入到将近2 500米深的海底进行科学考察。在这漆黑一片、压力巨大的海底，科学家惊奇地发现了数十个不停地喷着黑色烟雾的丘状物，温度高达350℃的液体从"黑烟囱"中喷涌而出。这些海底"黑烟囱"实际上是海底热泉的喷口，因富含深色矿物质，喷出的高温海水看上去像冒黑烟。

海底"黑烟囱"

"海底'黑烟囱'能说明什么呢？"小刚着急地问起来。

"这可是个大发现！"小明的爷爷有点激动。

原来随着对海底"黑烟囱"的不断研究，科学家发现尽管"黑烟囱"口喷出热液，附近海水温度很高，且深海压力很大、见不到阳光又缺氧，但是在这样的环境中却生活着种类繁多的生物：细菌、蠕虫、"虾兵蟹将"、贝类、鱼类，呈现出一派生机勃勃的景象。最令人惊奇的是一些细菌，它们能利用"黑烟囱"喷出的物质，获得赖以生存和繁殖的能量。后来的研究发现，这些细菌的形态结构和代谢方式接近于地球最古老的生命。由于"黑烟囱"周围的环境与生命诞生时的地球环境非常类似，于是科学家猜想，或许正是在早期海底类似"黑烟囱"的地方，生命开始悄悄地萌芽了。

"黑烟囱"周围的生物

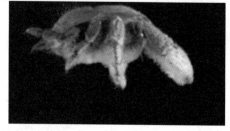

生活在"黑烟囱"环境中的蠕虫　　　　生活在"黑烟囱"环境中的奇怪生物

"哦，我明白了，原来第一个生命来自海洋！"小德好像找到了问题的答案，有点兴奋。

"别急着下结论。"小明的爷爷最后说："生命来自海洋，这只是一种大家比较认可的说法。生命究竟来自哪里，还在研究之中。不管怎样，大海中生机盎然，我们应当敬畏海洋、敬畏生命！"

 小卡片

"蛟龙"号的重大发现

2017年，我国的"蛟龙"号载人深潜器在印度洋发现了27处海底"黑烟囱"，"黑烟囱"周围是一个欣欣向荣的生物世界。

在深潜的过程中，"蛟龙"号还发现了许多奇奇怪怪甚至不知道名字的海洋生物。

 唱起来

学唱《大海啊，故乡》

大海就像母亲一样，孕育着生命；祖国就像大海一样，哺育着我们成长。

让我们一起深情地唱起《大海啊，故乡》这首歌吧！

大海啊，故乡

影片《大海在呼唤》主题歌

朱明瑛 演唱

王立平词曲

1=F 3/4

稍慢 深情地

```
(5 65·3 | 5 65 - | 65 41 65 | 5 - - | 3 43·21 |
 6 22 - | 45 43 16 | 1 - -) | 1 21 76 | 5 33 - |
               小时候  妈妈 对我讲，

 3 43·21 | 6 22 - | 71 7·65 | 5 22 - | 4·3 16 |
大海   就是 我故乡。 海边    出生， 海里成

 1 - - | 5 65·3 | 5 65 - | 65 41 1 65 | 5 - - |
长，   大海 啊大海，      是我生活的地  方，

 3·4 3·21 | 6 22 - | 45 43 16 | 1 - - | 5 65·3 |
海风吹，    海浪涌，  随我飘流四 方。   大海 啊

 5 65 - | 65 41 65 | 5 - - | 3 43·21 | 6 22 - |
大海，    就像妈妈一 样，    走遍天 涯 海 角，

 45 43 16 | 1 - - : | 5 65·3 | 5 65 - | 65 41 65 |
总在我的身 旁。      大海 啊大海，  就像妈妈一

 5 - - | 3 43·21 | 6 22 - | 45 43 16 | 1 - - | 3 3·1 |
样，    走遍天涯 海角，  总在我的身 旁。   大海啊

 5 65 - | 1 1·6 | 3 23 2 | 7 7 67 65 | 6 - - | 5 - 5 |
故乡，   大海 啊故 乡，  我的 故  乡， 我的
```

rit

```
 4 - 65 | 5 - - | 5 - - | 5 0 0 ‖
故     乡。
```

歌曲《大海啊，故乡》

《大海啊，故乡》是电影《大海在呼唤》的主题曲，表现了主人公对大海、故乡和祖国母亲的真挚感情。

这首歌曲通俗易懂、优美动听、脍炙人口；歌词质朴深情、如叙家常，借助对大海的思念与赞颂，抒发人们对故乡和祖国的热爱之情。

说起来

讲讲自己成长的故事

祖国是我们的母亲，我们在祖国的怀抱里成长。

 讲一讲自己成长的小故事，大家互相交流分享。

祖国哺育我们成长。将来我们怎样来感恩我们的祖国呢？现在我们应做些什么呢？

我的看法

歌颂大海和祖国

回家后，拿起画笔画一幅"大海妈妈"，再画一幅"祖国，您好"，并让爸爸、妈妈指导指导。

把画好的图画带到学校，在班里举行一次"大海妈妈，我爱您"的画展。大家一起评一评，评出5幅最有创意的作品。

小伙伴们的作品

青岛德县路小学2016级　毛岱丹旎

青岛德县路小学2016级　杨馨冉

以海明德

　　许多证据表明，生命来自海洋，大海是人类的母亲。

　　祖国像大海一样，是我们成长的地方。

　　我们要热爱大海，感恩大海！我们要热爱祖国，感恩祖国！

大海雕出石老人

来自大海的故事

石老人的传说

在青岛东部大海里离海边百余米的地方矗立着一座17米高的巨石。这块巨石形如一位老人。他在用手拖着腮，坐在海浪之中盼望着什么。人们把这块巨石叫作"石老人"。

说起来，这里面还有一个美丽的传说呢！

相传，很早以前，崂山海边住着勤劳善良的父女俩，他们相依为命，靠打鱼为生。

女儿车姑聪明美丽、能歌善舞，每天纺线织网，日子过得清闲自在。

3月的一天，老人一大早就摇船出海了。

车姑送走了父亲，便独自坐在礁石上，背依青山，面朝大海，一边织着渔网，一边唱着渔歌。

此时，东海龙王正在水晶宫里大摆宴席，听到岸上的甜美歌声，便派人将车姑抢进了龙宫。

打鱼归来的老人，看到空荡荡的家，便四处寻找车姑，却不见车姑的踪影。

可怜的老人日夜在海边呼唤，不顾海水淹没膝盖，直盼得两鬓全白、腰弓背驼。尽管如此，他仍一日又一日地守候在海边。

一天，当老人坐在水中托腮守望时，龙王施展魔法，将老人的身体点化成石。

车姑得知这一消息后十分悲痛，不顾一切地冲出龙宫，向变成石头的父亲奔去。在踏着波浪奔跑的过程中，她头上插戴的鲜花被海风吹落到海岛上，扎根生长。从此，那些岛上长满了耐冬花。

当姑娘走近崂山时，只见水天相接处哗地涌起两排巨浪。在老人变成的石像对面，她也被化作一座巨礁，孤零零地定在了海面上。

从此，父女俩只能隔海相望、永难相聚。在近旁居住的渔民便将老人变成的巨石唤作"石老人"，将对面的巨礁称为"女儿岛"。

"石老人"与"女儿岛"隔海相望，父慈女孝的故事感动着前来观光的人们。

演起来

演演"石老人"的传说

请小组合作,演一演"石老人"的传说吧。

> 同学们想一想,石老人真的是老爷爷变成的吗?是谁创作出"石老人"这神奇的"雕塑"呢?

小卡片

"石老人"的由来

很早很早以前,"石老人"原是一块伸进大海中的尖形陆地。在漫长的岁月里,浸在海水中的岩石经受着风吹日晒和海浪日复一日的"侵蚀",变得"千疮百孔"。天长日久,岩石上的这些石缝、石孔被掏成了石洞,两边的海水连通起来。随着海浪的冲击,尖形陆地下部的空洞越来越大,导致上部岩石塌落,残留在海中的岩石被"雕凿"成了"石老人"。

像"石老人"这样的景观在我国沿海还有很多,如福建平潭的海蚀柱、宁波象山海蚀崖等。它们都是大海的杰作,形成了我国沿海的一道道靓丽的风景线。

福建平潭的海蚀柱

宁波象山海蚀崖

读起来

读读《第八次》

大海日复一日、年复一年，终于塑造出了"石老人"这样有传奇色彩的景观，表现出持之以恒、顽强不屈的精神。其实，不仅在海洋中，在陆地上，在我们人类大家庭里，体现坚持不懈、坚强不屈精神的故事还有很多。

读读下面这个故事，你一定会受到很多启发。

读完以后别忘了和大家分享一下自己的感受啊！

第八次

古时候，欧洲的苏格兰遭到了别国的侵略。王子布鲁斯带领军队，英勇地抗击外国侵略军。

可是，一连打了七次仗，苏格兰军队都失败了，布鲁斯王子也受了伤。他躺在山上的一间磨坊里，不断地唉声叹气。对这场战争，他几乎失去了信心。

布鲁斯望着屋顶，无意中看到一只蜘蛛正在结网。忽然，一阵大风吹来，丝断了，网破了。蜘蛛重新扯起细丝再次结网，又被风吹断了。就这样结了断、断了结，一连结了七次都没有结成。可蜘蛛并不灰心，照样从头干起。这一次，它终于结成了一张网。布鲁斯感动极了，深受启发和鼓舞。他猛地跳起来，喊道："我也要干第八次！"

他四处奔走，招集被打散的军队，动员人民起来抵抗。经过激烈的战斗，苏格兰军队赶跑了侵略军。布鲁斯的第八次抵抗成功了。

讲讲成功贵在坚持的故事

做任何事情都要持之以恒，这样才能取得成功。你知道哪些成功贵在坚持的故事？请讲给大家听听。

小卡片

铁杵磨针

　　唐朝大诗人李白，小时候并不太喜欢读书。一天，他趁老师不在书屋的时候悄悄溜了出去，到处逛着玩。他来到一座山下小河边，见到一位老婆婆正在一块石头上磨一根粗粗的铁杵。李白很疑惑，不由地走上前去问道："老奶奶，您磨铁杵做什么？"老奶奶说："我要把它磨成针。"

　　李白吃惊地问道："哎呀！铁杵这么粗大，怎么能磨成针呢？"老奶奶笑呵呵地回答道："别看铁杵粗，只要天天磨，它就越来越细，天长日久，还怕磨不成针吗？"李白听后恍然大悟。

他想到自己读书不能持之以恒，感到十分惭愧。从此，他把"只要功夫深，铁杵磨成针"的道理牢记在心里，发愤读书，

后来终于成了一位伟大的诗人。

练习写字　磨练意志

你肯定想写一手漂亮的字，那就像怀素一样，每天坚持练习吧。在练习的过程中，不仅字会越写越好，意志也会越来越坚定。

怀素练字

怀素（725—785）是唐朝有名的书法家。他从小坚持练习书法。

练字需要文房四宝。生活本来就清苦的怀素，买笔、买墨就得不少钱，还哪有钱去购买砚台、纸张呢？可这并未难住怀素。他找来一个木盘和一块木板，涂上漆当作砚台和练字板。他天天磨墨，天天写：墨干了再磨，磨完再写；写完就擦，擦净再写。日复一日，年复一年，木盘硬是被磨漏了，木板也被擦穿了。后来，他又效法古人在芭蕉叶上题诗的办法，在一片空地上种植了一万多株芭蕉，以叶代纸，日夜练习不辍。硕大的芭蕉撑起了无数把绿伞，

覆盖了怀素居住的小屋，为他留下了一个充满绿意的宁静空间。怀素就在这绿色的天地里练字，遨游在书法艺术的王国。

怀素对笔十分爱护，每次写完字都把它洗得干干净净。他没有合适的盛水器皿，便到屋外的一个小石头池子里洗笔，拿它当成了"笔洗"。日久天长，池子里的水变成了黑水。于是，人们就给这个池子起了个名字——墨池。

怀素就是这样努力地创造条件，勤习苦练。他坚持不懈，终于掌握了超凡的书法技艺，成为一名书法大家。

不仅练字要向怀素学习，做任何事情都要有怀素的精神。

以 海 明 德

海洋生生不息，面对所遇到的一切，总是毫无畏惧、持之以恒，造就了许多自然奇迹。

我们也应当像海洋那样，以旺盛的精力去对待自己的学习和生活，不怕困难，勇往直前，为实现自己的理想而不懈努力。我们要牢牢记住："'锲而不舍，金石可镂'，坚持就是胜利！"

海
之
和

海洋是个蓝色大"粮仓"

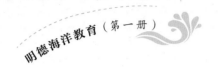
来自大**海**的故事

大海里建起了大"牧场"

在陆地上能建牧场，在大海里也能建牧场吗？是的，在大海里也能建牧场。陆地上的牧场养殖的是牛、羊、马等，大海里的牧场养殖的是鱼、虾、蟹、贝、海带、紫菜等。

如果你有机会来到崂山王哥庄海边，就会看到面积超过1万亩的海洋牧场。"牧场"由近及远设置了不同的"养殖带"：有礁石、水泥预制件，便于海参、鲍鱼聚集生长；有藻类养殖架，养殖的藻类作为海参、鲍鱼的补充饲料，也吸引螃蟹、海螺前来；有大型网箱，养殖着鱼类，而鱼类的排泄物可作为海参的饲料并促进藻类的生长；还有野生鱼类的"乐园"——恋鱼礁……万顷碧波下，鱼、虾、蟹、贝、藻等生物构成了健康

海洋牧场

的生态系统，既养护了海洋生物资源、保护了生态环境，也让渔民富裕起来。这样一幅人与海洋和谐相处的画卷，美极了！

"海洋牧场"鱼礁旁的鱼儿   渔民们作业后满载而归

截至2018年11月，青岛市已建成11处"海洋牧场"，面积达5 000多公顷。"牧场"海域生态环境优良、生物资源丰富，实现了生态环境保护和渔业生产丰收的双赢，呈现了一派繁荣景象。

青岛的"海洋牧场"只是我国现代化"海洋牧场"的一个缩影。目前，北起辽宁丹东，南至广西防城港，沿海省（区、市）都建起了国家级海洋牧场示范区，健康、可持续的海水养殖业正在迅速发展。

不仅海水养殖，海洋捕捞也给人类带来了大量的食物。

远海捕捞，满载而归

海洋，真不愧是人类的蓝色大"粮仓"！

看起来

识别海洋生物

海洋生物资源丰富，可再生性强。下面这些海洋生物，你见过或吃过吗？见过或吃过，请在括号里画个"笑脸"。

海洋中有许许多多的海洋生物，真是个海洋生物大世界。

我到海洋馆参观过，那里的鱼儿可真多！

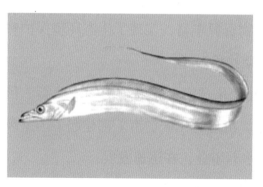
带 鱼（　　　）

真 鲷（diāo）（　　　）

海 参（　　　）

鱿鱼（　　　）

扇 贝（　　　　）　　　　　文 蛤（gě）（　　　　　）

牡 蛎（　　　　）　　　　　海 带（　　　　）

口虾蛄（gū）（　　　　　）　　　　　对 虾（　　　　）

画起来

画画"海洋生物世界"

拿起画笔，画一下心中的海洋生物世界吧！

在班里举行个小画展，比比看谁画得最生动、最有创意。

画的形式可多种多样，简笔画、水彩画、版画等都可以。

要开动脑筋，大胆想象，画出创意来。

小伙伴们的作品

青岛德县路小学2015级
段毓烜

青岛德县路小学2016级
王楷睿

青岛德县路小学2015级
刘梓童

到渔村去

到渔村去，访问渔民，了解出海捕捞的情况并认真做好记录。

海洋捕捞

　　海洋捕捞业是指利用各种渔具、渔船等捕捞具有经济价值的海洋生物的活动，是传统海洋产业。根据捕捞区域离陆地的远近，海洋捕捞业一般分为沿岸捕捞、近海捕捞、外海捕捞和远洋捕捞。

海洋里蕴藏着十分丰富的生物资源。目前已被记录的海洋生物有20万种以上，海洋动物超过19万种。这其中鱼类超过1.8万种，但能捕捞的仅约200种。联合国粮食与农业组织对世界海洋渔业资源每年可捕捞量的总体估计是，经济鱼类约为1.04亿吨，对虾、梭子蟹等经济甲壳类约为230万吨，鱿鱼、章鱼等头足类为1 000万～1亿吨。

拔锚起航

渔船和渔网

做起来

学做海鲜美食

在家里请爸爸、妈妈介绍一种海鲜美食的做法，和爸爸妈妈一起做一道海鲜美食，供全家人享用。

以下海鲜美食可供你和爸爸、妈妈参考哦。

香煎带鱼

老醋海蜇头

清蒸三疣（yóu）梭子蟹

文蛤蒸蛋

烤鱿鱼

凉拌海带丝

小卡片

海产品的营养

　　海洋生物丰富多样，海鲜美食纷繁多彩。海产品不仅带给人们独特的美食体验，还为人们提供着必需的营养素。大部分海产品都有着高蛋白、低脂肪的特点。海产品中还含有能健脑益智的成分，对我们的成长很有益处。此外，海产品中富含钾、钙、钠、镁、铁、锌等多种矿物质，对维持人体正常代谢起着重要作用。

学习曾呈奎爷爷

了解曾呈奎爷爷的事迹，和同学们议一议我们应学习曾呈奎爷爷的哪些高贵品质。

为了让"蓝色粮仓"变得更好，科学家耕海牧洋，付出了艰辛的努力。著名海洋生物学家曾呈奎爷爷在这方面做出了杰出贡献。

"海带之父"——曾呈奎

曾呈奎少年时便立志农业，以科技救国，并为此取"泽农"为号。可以说，"海洋农业"的理想伴随了他一生。1942年，曾呈奎在美国取得博士学位。由于他在海藻学方面的研究成果已颇有名气，所以美国方面力邀他留下。但他一心记挂着祖国。他说："我的事业在中国，正因为她落后才更需要我们来建设。"1946年，曾呈奎爷爷回到了祖国。

20世纪50年代以前，紫菜是很难人工养殖的，因为它的孢子来源一直是个谜；若想养殖紫菜，只能凭运气，靠大自然的恩赐，其产量也少得可怜。曾呈奎和他的助手们从1950年开始研究，成功找到了紫菜的"种子"来源——"壳孢子"。"种子"找到了，人工培育紫菜便进入了一个新纪元，我国的紫菜培育业陆续发展起来，我国成为世界第三大紫菜生产国。

海带在20世纪20年代刚从日本北海道传入我国时，产量并不高，这是因为海带对生长温度要求很严，只喜欢低温的环境。曾呈奎创造了海带夏苗培育法、陶罐施肥法、海带南移栽培法等来提高海带产量，这三大技术使中国成为世界上生产海带最多的国家。对此，国

收获海带

养殖紫菜

外藻类学家先是不敢相信，继而啧啧称奇，由衷赞叹"中国栽培海带的神话是真的"。

曾呈奎深深地爱着大海。1992年8月3日他作为中央电视台《正大综艺》节目的嘉宾，用一句朴实的话表达了自己对大海的眷恋："我是大海的儿子！"

作为"大海的儿子"，曾呈奎把自己的全部心血都倾注在了海洋科研事业上。

感受"海洋牧场"的魅力

在大海里建"牧场"一直是人们追求的目标。早在1947年，我国海洋生物学家朱树屏就提出了"水是鱼的牧场"的想法。曾呈奎等知名学者又提出了在海洋中通过人工控制种植或养殖海洋生物来建设"牧场"的办法，并取得了成功。因而，我国是世界上较早进行"海洋牧场"探索的国家之一，经过几十年的努力，现已取得了重大进展。

上网查询，了解海洋牧场及其重要意义，展望未来的海洋牧场。

有机会的话咱们要到海洋牧场去参观一下，了解更多的关于海洋牧场的故事。

是啊，只有亲身体验，才能真正体会到它有多么重要。

以 海 明 德

蓝色的海洋世界里，生活着鱼、虾、蟹、贝、藻等生物。这些来自大海的馈赠，满足着人类的生活需要，促进着人类社会的发展。

人类应当珍惜大海的馈赠，保护海洋生态平衡，养护海洋生物资源，使"蓝色粮仓"经久不衰。人类与海洋和谐相处，会使地球更加生气勃勃。

作为小学生，我们也应逐渐充实自己，以便将来造福人民，建设祖国。

休渔了

来自大海的故事

鱼儿哪去了

　　"有朋自远方来，不亦乐乎？"5月的一个周末，家住青岛的小明和父母决定带着远道而来的朋友到沙子口码头买些新捕捞的海货，请朋友尝尝鲜。上午8点至10点，往常正是码头一天之中最热闹的时段。然而，令小明一家惊讶的是今天这里没有了往日鱼虾满船、人流熙攘、买卖声此起彼伏的场景。30多艘渔船停泊在水里"休息"，另外还有10多艘船被粉刷一新，正停在岸边晾晒呢。面对冷清的码头，小明一家人很疑惑，这么多船怎么不出海捕鱼了呢？

　　在岸边，小明看到了一位正在给渔船刷油漆的老船工。这位老船工是青岛姜哥庄土生土长的渔民。"我从20岁开始捕鱼，已经干了快30年了。每年，我都得给我的渔船刷两次漆，把它弄得好看点，也保护保护渔

船。"老船工边忙活边告诉小明。小明爸爸问道："现在正是捕鱼的好季节，您给渔船刷漆，这不耽误捕鱼了吗？""现在正是休渔期，不能出海捕鱼，正好给船刷刷漆。"老船工笑着说。他顺手指了指靠在码头上的渔船说："你看，船都停在码头上了。大家都在修船、补渔网、整理渔具，等休渔期一过，好出海捕鱼。"

小明好奇地问道："休渔期？什么是休渔期？"老船工感叹地说："现在海里的鱼儿越来越少了。休渔，就是让大海'喘口气'，让海里的鱼再长长。"小明不明白了："尽管人们在不断地捕捞，但海里的鱼儿在不断地繁殖，鱼儿怎么会越来越少了呢？它们去哪儿了？"

议起来

鱼儿生活得怎么样

分小组讨论一下，现在海里的鱼儿的生存状况如何？

现在海里的鱼儿越来越少了，你知道这是为什么吗？

这都是过度捕捞带来的结果。比起过去，现在渔船多了，设备先进了，技术也提高了，捕的鱼越来越多了。

很多人将大鱼、小鱼"一网打尽"，恨不得把海底都搜刮个遍。以前很容易捕到大鱼，现在捕的多是小鱼，就是小鱼也越来越少了。

他们说得对吗？你的看法是什么？

我的看法

小卡片

持续了千百年的"鱼汛"开始消失

20世纪中期以前，我国近海相当富饶。那时候，海上捕捞作业依靠小型木帆船，摇橹撒网，产量并不大。然而到了20世纪八九十年代，我国海洋捕捞量开始大幅提升。也就是在这个时期，我国近海持续了千百年的"鱼汛"开始消失。所谓鱼汛，指的是某些鱼类或其他水生动物在某一水域高度集中，适于捕捞的时期。高强度的捕捞导致渔业资源严重衰退。

不仅是我国，世界各沿海国家都面临着这样的问题。

小渔船

现代渔船

读起来

了解"伏季休渔"

读读下面这段资料，进一步体会休渔制度的好处。

了解休渔制度及其意义十分重要。

休 渔

休渔，即为了保护渔业资源，在一定时期和范围内停止捕鱼。休渔期，一般在伏季。当然，有些海区是禁渔区，全年禁止捕鱼。

经国务院于1995年批准，属我国管辖一侧的黄海、东海在6~9月实施休渔制度，后扩大到北纬12度以北的南海海域。经过长期的渔业管理实践，农业农村部根据我国海洋渔业资源的实际情况，不断调整并进一步完善了伏季休渔制度的相应规定。

我国农业农村部渔业渔政管理局2018年2月9日发布《农业部关于调整海洋伏季休渔制度的通告》，指出2018年5月1日12时我国各海域全面进入伏季休渔期。

"伏季休渔"作用大

夏季是海洋主要经济鱼类繁育和幼鱼生长的重要时期。在这个季节伏季休渔，可以使海洋经济生物得到休养生息，渔业资源得到恢复性增长，有利于海洋渔业的可持续发展，具有明显的生态效益和经济效益。

有了休渔制度，就能保护人与海洋鱼类的和谐。休渔期过后，会迎来渔业新一轮的丰收。

其实不仅仅是我国，包括澳大利亚、芬兰、加拿大、冰岛在内的许多渔业发达的国家也实行了休渔政策。休渔政策在保证渔业资源的可持续利用、提高渔获质量方面均取得了良好的效果。

休渔了 鱼儿乐

拿起画笔，画一画"休渔了，鱼儿乐"的情景，表达对休渔制度的支持之情。

说说促进人与自然和谐共生的法律法规

为了促进人与自然和谐共生，我们国家制定了一系列法律法规。就你所知道的，和大家说一说。

绿水青山就是金山银山

2017年10月18日，习近平总书记在十九大报告中指出，坚持人与自然和谐共生，必须树立和践行绿水青山就是金山银山的理念，坚持节约资源和保护环境的基本国策。

为了建设美丽中国，我国制定并实施了一系列法律法规。例如《中华人民共和国环境保护法》《中华人民共和国水污染防治法》《中华人民共和国大气污染防治法》《中华人民共和国环境噪声污染防治法》《中华人民共和国放射性污染防治法》《中华人民共和国环境影响评价法》《中华人民共和国清洁生产促进法》等。现在，我们国家，天更蓝了，水更清了，树更多了，环境更美了，我们的生活更幸福了。

寻找不足　约法三章

为了使班级更加和谐，使每位同学都能健康成长、不断进步，找出班风方面存在的不足，然后在老师的指导下制订章程。大家约法三章，建设优秀的班集体。

约法三章

"约法三章"是一个汉语成语，指订立简单的条款，以便遵守。这个成语出自汉代司马迁的《史记·高祖本纪》。

公元前207年，刘邦率领大军攻入关中，到达离秦朝的国都咸阳只有几十里路的灞上。仅当了46天秦王的子婴向刘邦投降。刘邦率大军进咸阳后，本想住在豪华的皇宫里，但大将军樊哙和大臣张良告诫

他别这样做，免得失去人心。刘邦接受了他们的意见，下令封闭王宫，派士兵保护王宫和藏有大量财宝的库房，并率领大军回到灞上。为了取得民心，刘邦向关中各县老百姓郑重宣布："秦朝的严刑苛法，把众位害苦了，应该全部废除。我们与众位约定，不论是谁，都要遵守三条法律。这三条是，杀人者要处死，伤人者要抵罪，盗窃者也要判罪！"百姓十分拥护。刘邦得到了百姓的信任和支持，最后取得天下，建立了西汉王朝。

以 海 明 德

人类经济、社会的发展不能超越资源与环境的承载能力，要将当前利益与长远利益结合起来，兼顾当前发展和未来发展的需要。休渔就是保护海洋生物资源、维护人与大海和谐关系的一种好办法。

"不以规矩，不能成方圆。"规章制度是一个集体的成员必须遵守的行为规范的总和。因此，我们自小就要树立相关意识，做规章制度的执行者、维护者，促进集体的和谐与发展。

海之容

条条江河归大海

小河找大海

山脚下有一条清澈的小河，河水"哗啦啦，哗啦啦"地流淌着，好像在演奏一支美妙的乐曲。这几天，下起了雨，水量充沛，河面升高了。小河美滋滋地想："天下最大的水域也不过如此了吧！"它高兴得不得了，还唱起了歌："看呀看呀，我是多么闪耀；看呀看呀，我是多么宽阔！"小麻雀飞过来，赞美小河："小河姐姐，你是我见过最大的河！"小百灵飞过来，歌唱小河："小河小河，你又广阔又活泼！"

久而久之，小河自我陶醉了，深信自己天下最大，直到有一天来了一只海鸥……海鸥像没看见小河一样，径直飞了过去。"喂，那只鸟，你从哪里来？看到宽广无比的我，你怎么这么冷漠？请不要吝惜你的赞美吧！"小河狂妄地喊着。海鸥盘旋了一圈，淡淡地说："我从大海来，大海比你广阔成千上万倍！"小河惊讶极了。它不相信海鸥说的话。

小河从未见过大海，决定亲自去看一看。

小河问海鸥大海到底在哪里。海鸥说："你只管流淌，总会到达海那里。"小河将信将疑，不过还是踏上了旅途。一路上，它转过山谷，跨过草原，见到了缤纷多彩的花朵、高矮不一的树木和形形色色的鸟兽，还遇见了其他小河。那些小河也都在找大海。于是，大家拉起手来，唱着歌结伴而行。

日复一日，年复一年，也不知走了多久，小河终于望见了大海！那一望无边的"蓝"，大到和天空连成一线；那涨落无休的"潮"，有着吞吐日月的气魄。哇！原来这就是大海！小河终于认识到自己的渺小，激动地说："海大哥，你为什么这么宽广？"大海微笑着，用浪花拍打着岸边，仿佛在说："因为我汇集了许许多多、大大小小的河呀！"

观察"江河归海"

观察世界地图，指一下哪些地方是陆地、哪些地方是海洋。

观察中国地图，找到黄河和长江，看看它们从哪开始流淌，经过了哪些地方，最后又流到了哪片海、哪个洋。

自己家乡有河流的话，了解一下河流流向了哪里。

海纳百川　有容乃大

"海纳百川，有容乃大。"地球上的水，无论是涓涓细流，还是奔腾的大河，最终都要流入大海。海洋包容汇集了大自然各种形式、各种来源的水，这个"容"的过程表现的是水顺势而为的自然过程。大海不拒绝小溪的微流，才成就了自身的博大；高山不拒绝土壤的微粒，才垒聚成冲天的高度。

说起来

讲讲博采众长的故事

讲讲你听过的博采众长的故事，说说听了这些故事你有什么感想。

博采众长，指的是广泛学习别人的长处和各方面的优点，或从各方面吸取各家长处。

小卡片

王羲之学书法

古代大书法家王羲之12岁的时候学习书法，经父亲传授笔法论，"语有大纲，即有所悟"。他小时候还向著名女书法家卫夫人学习书法。长大以后他渡江北游名山，博采众长，向书法家张芝学习草书，向正书鼻祖钟繇学习，"兼撮众法，备成一家"，书法达到了很高的水平。

王羲之画像

成语：兼容并蓄

我国明代文学家、思想家方孝孺在《复郑好义书》中说："所贵乎君子者以能兼容并蓄，使才智者有以自见，而愚不肖者有以自全。""兼容并蓄"意思同"兼收并蓄"，即把不同内容、不同性质的东西都吸收进来。

读读《高好还是矮好》

读读下面这个小故事，说说你从中受到的启发。

高好还是矮好

　　一只羊，一只骆驼，一个矮，一个高，但经常在一起玩。一天，它们来到公园，玩着玩着就说起是高好还是矮好的事来。骆驼说："当然是高好了。你看，再高的树叶我也能吃到。"说完，一抬头，它吃了一口树叶。羊伸直了脖子也没够到。羊没吭声，就和骆驼一起注前走。走到一个栅栏门口，羊一拱身就过去了，到旁边的草地上一边吃草一边说："还是矮好吧？你看，这里的草这么嫩，多好吃呀！"骆驼趴下身子使劲钻，怎么钻也没从栅栏口钻过去，只好乖乖地看着羊在那里吃草。到底高好还是矮好呢？它们谁也说服不了谁，便找到老牛来评理。老牛笑了笑说："你们就别争了。高有高的好处，矮有矮的好处。不能只看到自己的长处却看不到别人的优点。"羊和骆驼听后频频点头。从此以后，它们互相学习、互相帮助，终于成为一对真正的好朋友。

向身边的小伙伴学习

找一找身边的同学有哪些优点值得你学习，把这些优点写下来，并将其融入自己的行动中。

> 每个同学身上都有优点，都有值得自己学习的地方。

青岛德县路小学2018级
张宝丫

青岛德县路小学2015级
宫熙媛

青岛德县路小学2014级
刘洋西

我发现的同学们的优点：

碧海扬帆

牢记习近平总书记的话

学习历来不是一件轻松的事情，特别是对于新理论、新知识、新经验的学习，更需要花大气力、下苦功夫，不能遇难而退，更不能投机取巧。

要广学博学，坚持干什么学什么、缺什么补什么，求得知识更新和能力提升。海不辞水，故能成其大；山不辞土，故能成其高。在学习问题上，必须虚怀若谷，博采众长，广泛涉猎，兼收并蓄，力争学得更多一些、更快一些、更好一些、更深一些……

（节选自《关于建设马克思主义学习型政党的几点学习体会和认识——在中央党校2009年秋季学期第二批进修班开学典礼上的讲话》）

在学习中你打算如何做到学习别人的优点，吸收别人的长处呢？请订个小计划并落实到行动中。

好的计划会帮助你更好地学习，如果能做到"虚怀若谷、博采众长、广泛涉猎"，学习效果就会更好。

以 海 明 德

大海可以容纳千百条河流的来水，说明它具有博大的胸怀，能汲取"百家之长"。

"海纳百川"启示我们：在学习上要广泛涉猎，博采众长；在生活中要善于发现别人的优点，在身边的人身上获取正能量。我们要不断充实自己、完善自我，成为对社会有用的人才。

海阔任船行

中国造的海上巨无霸

2018年6月12日中国船舶工业集团自主设计建造的世界最大级别箱位集装箱船"宇宙"号在上海交付。"宇宙"号长400米，宽58.6米，最多可装载21 237个标准集装箱，能载近20万吨的货物。此外，它还是技术先进、节能环保的智能型船舶，可以在全球各海域安全航行。"宇宙"号真是一个海上巨无霸！

截至2019年，除了这艘集装箱船外，我国还制造出许多海上巨无霸，如世界上最大的原油船、世界上最大的矿砂船、世界上最大的起重船等。

"宇宙"号的雄姿

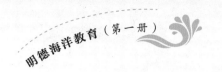

我国制造的全球首艘30.8万吨超大型智能原油船"凯征"号，长333米，宽60米，高度超过50米。

我国制造的世界最大矿砂船——40万吨超大型矿砂船"明瑞"轮，长362米，宽65米，高30.4米。

现在仅青岛港每天就有100多艘大船进进出出。世界上还有许许多多港口，每天来来往往的船只不计其数。这真是"海阔任船行"！

看起来

欣赏各式各样的船

大海广阔无垠，任各种各样的船驰骋。请看以下图片中的船，看看哪些是你见过或知道的。

石油勘探船

航空母舰

集装箱船

打捞船

客　轮

邮　轮

军　舰

潜　艇

医院船

科学考察船

各种功能的船

客 船

客船主要运载旅客及随身行李和邮件，同时也兼运旅客车辆和小批量货物。我们熟知的客船有客轮、渡轮、滚装船和邮轮等。

货 船

以载运货物为主的轮船称为货船，世界上大概95％以上的船队都是货船。根据所载货物种类和行驶航线的不同，其构造、性能、速率、设备也各有不同，比较典型的有驳船、油船、集装箱船、拖船、冷藏船等。

战斗舰船

战斗舰船是装备有各种专用武器并担负直接作战任务的舰艇的统称。战斗舰船一般分为水面战斗舰船和潜艇。水面战斗舰船主要有航空母舰、战列舰、巡洋舰、驱逐舰、护卫舰、各种快艇等。潜艇主要有战略导弹潜艇和攻击潜艇。

专用船只

随着人类对海洋研究、开发的深入以及科技的进步，船舶逐渐实现了专业化，从而出现了气垫船、工程船、科学考察船、石油勘探船、观光潜艇、航天测量船等许多全新的船型。

读读《小船和大海的故事》

读读下面这篇寓言故事，和大家分享自己的感受。

好好体会一下，小小船儿为什么敢闯大海了？

小船和大海的故事

一只小船第一次见到茫茫大海，有点胆怯，停在海边问大海："大海啊，到处都是惊涛骇浪，浪头把我打翻了怎么办？"

"别害怕，翻过身来去迎接下一个浪头。只要不断总结经验，就会知道怎么不被浪头打翻了。"大海回答道。

小船下海了，晃来晃去，又害怕了："我看不到路在哪里啊，怎么办？"

"路都是闯出来的。不能只依靠别人给你开路，要把握好方向，自己闯出路来。"大海一边说，一边掀起了几个小浪头，推着小船往前走。

"我听说大海里有很多礁石，可我不知道礁石在哪里，触了礁怎么办？"小船问。

"不能因为有礁石就不敢前行了。通过摸索甚至触礁便可以知道礁石在哪里，下次再走不就可以避开礁石了吗？"大海说。

"那你能不能事先告诉我礁石在哪里？"小船请求道。

"我可以告诉你避免触礁的方法，你自己要试着避开礁石。我没法告诉你大海里到底有多少礁石以及它们都在哪里。要记住，在大海里航行，随时都可能遇到困难和风险，要知难而进才行。"大海回答道。

"这么大的海，我这么只小船儿能到达那边的岸吗？"小船还是有点信心不足。

"世上没有预先的成功，也没有预先的失败。只有亲身经历，不断地总结失败的教训，才会走向成功！"

大海说着，掀起几个大浪头。小船借势向前冲去，并用力晃了两下船身，表示对大海的感谢。

做起来

叠只小纸船

准备好纸片，动手叠只小纸船。

小船有多种多样的叠法，要开动脑筋，叠出创意来。

叠好后，以小组为单位交流一下，说说你叠的小船有什么创意。

小伙伴们的作品

青岛德县路小学2015级　王妍雅

青岛德县路小学2015级　申桐宇

说起来

说说人生大舞台

人类社会同大海一样，也是一个大舞台，为从事各种职业的人们提供了发挥才能的广阔空间。说说看，你都知道哪些职业？

小卡片

行行出状元

"三百六十行行行出状元"是一句成语，比喻不论哪一行，如教师、医生、工人、农民、科学家、军人、电商等等，只要热爱本职工作，掌握这一行的本领，都能取得优异的成绩。在社会这个大舞台上，职业没有贵贱之分，只有分工不同。

谈 理 想　订 计 划

写写自己的理想，说说将来你想在社会这个大舞台上发挥什么样的作用。

> 为实现自己的理想，好好订个计划吧。有了计划，一定要落实哟！

我的理想和计划：

_____

_____

_____

以 海 明 德

大海广阔无垠，可让各种功能的船纵横驰骋。而社会犹如海洋，我们就像航行于其中的"船"。社会给我们提供了发挥才能的广阔空间，而社会的发展也需要各行各业的人们共同奋斗。我们应树立远大的理想并学好本领，这样将来才能如船行大海、乘风破浪，在社会大舞台上展现自己的才能、实现自己的人生价值。